Stefan Nothdurft

Messen elektrischer Größen und PC-Messdatenerfassung mit LabVIEW

Laborbericht

GRIN Verlag

Bibliografische Information der Deutschen Nationalbibliothek:

Die Deutsche Bibliothek verzeichnet diese Publikation in der Deutschen Nationalbibliografie; detaillierte bibliografische Daten sind im Internet über http://dnb.d-nb.de/ abrufbar.

Impressum:

Druck und Bindung: Books on Demand GmbH, Norderstedt Germany
ISBN: 9783668714939

Dieses Buch bei GRIN:

https://www.grin.com/document/420433

Stefan Nothdurft

Laborbericht

Messen elektrischer Größen und PC-Messdatenerfassung mit LabVIEW

Studiengang: Elektro- und Informationstechnik – Bachelor of Engineering (B. Eng.)

Modul: MSR41 – MST02

Eingereicht am: 16.10.2017

Inhaltsverzeichnis

ABBILDUNGSVERZEICHNIS III

TABELLENVERZEICHNIS III

ABKÜRZUNGSVERZEICHNIS IV

1 EINLEITUNG 1

1.1 ZIEL UND AUFBAU DER ARBEIT 1
1.2 AUFGABENSTELLUNG IM ÜBERBLICK 1

2 MESSEN MIT DEM DIGITALEN MULTIMETER 2

2.1 DIGITALES MULTIMETER ELV JT 138 2
2.1.1 Anschluss 2
2.1.2 Digit und Auflösung 2
2.1.3 Messbereiche und Messgenauigkeit 2
2.2 MESSUNG DER LEERLAUFSPANNUNG 3
2.3 MESSUNG DES KURZSCHLUSSSTROMS 3
2.4 SPANNUNGSMESSUNG AM ARBEITSPUNKT 4
2.5 MESSUNG DER ABGEGEBENEN LEISTUNG 5
2.6 WIDERSTANDSMESSUNG 6

3 MESSEN MIT DIGITALEM SPEICHER-OSZILLOSKOP 7

3.1 DIGITAL-SPEICHER-OSZILLOSKOP METEIX 6062C 7
3.1.1 Trigger und Single Shot 7
3.1.2 AC/DC/GND 7
3.2 FUNKTIONSGENERATOR 8
3.3 MESSUNG EINER SINUSFÖRMIGEN SPANNUNG 8
3.4 MESSUNG EINER RECHTECKFÖRMIGEN SPANNUNG 9
3.5 SPANNUNGSMESSUNG EINES SOLARZELLENMODULS 9

4 PROGRAMMIERUNG MIT LABVIEW 11

4.1 LABVIEW 11
4.2 ERSTELLEN UND ANZEIGEN VON ZUFALLSZAHLEN 12
4.3 INKREMENTIEREN EINES ZÄHLERS MIT EINEM BUTTON 13
4.4 STOPPUHR 14
4.5 WÜRFEL MIT STATISTIK 16
4.6 UMRECHNUNG VON DEZIMALZAHLEN IN DAS NEUNER ZAHLENSYSTEM 17
4.6.1 Mathematische Umrechnung 17
4.6.2 Umsetzung in LabVIEW 18

5 MESSEN UND AUSWERTEN MIT LABVIEW 19

5.1 DATENERFASSUNGSKARTE USB-6008 19
5.1.1 Abtastrate 19
5.2 KALIBRIERUNG EINES WEGSENSORS INKL. PARAMETER 19
5.2.1 Messaufbau 19
5.2.2 Aufnahme der Sensorkennlinie 20
5.2.3 Umsetzung in LabVIEW 20
5.3 KALIBRIERUNG EINES TEMPERATURSENSORS (UNTERSCHIEDE ZUM WEGSENSOR) 22
5.4 AUSWERTUNG EINER LICHTSCHRANKE 23

Abbildungsverzeichnis

Abbildung 1: Digitales Multimeter JT138 2
Abbildung 2: Messaufbau einer Leerlaufspannungsmessung 3
Abbildung 3: Messaufbau einer Kurzschlussstrommessung 4
Abbildung 4: Messaufbau zur Spannungsmessung am Arbeitspunkt 4
Abbildung 5: Messaufbau der Leistungsmessung 5
Abbildung 6: Messaufbau der Widerstandsmessung 6
Abbildung 7: Digital-Oszilloskop Meteix 6062C 7
Abbildung 8: Messaufbau Oszilloskop -Funktionsgenerator 8
Abbildung 9: Messung einer rechteckförmigen Spannung 9
Abbildung 10: Oszilloskop Tastkopf 9
Abbildung 11: LabVIEW Frontpanel und dazugehöriges Blockschaltbild 11
Abbildung 12: Zufallszahl - Case „"true"" 12
Abbildung 13: Zufallszahl - Case "false" 12
Abbildung 14: Inkrementieren eines Zählers - Case "false" 13
Abbildung 15: Inkrementieren eines Zählers - Case "true" 13
Abbildung 16: Button Schaltverhalten 14
Abbildung 17: Frontpanel - Stoppuhr 14
Abbildung 18: Stoppuhr - Case "false" 15
Abbildung 19: Stoppuhr - Case "true" 15
Abbildung 20: Blockdiagramm - Würfel mit Statistik 16
Abbildung 21: Frontpanel – Würfel mit Statistik 17
Abbildung 22: Frontpanel - Umrechnung von Dezimalzahlen 17
Abbildung 23: Blockdiagramm - Umrechnung von Dezimalzahlen 18
Abbildung 24: Multifunktionskarte USB-6008 19
Abbildung 25: Messaufbau einer Wegmessung 20
Abbildung 26: Blockdiagramm - Kalibrierung eines Wegsensors 21
Abbildung 27: Frontpanel - Kalibrierung eines Wegsensors 22
Abbildung 28: Blockdiagramm - Kalibrierung eines Temperatursensors 22
Abbildung 29: Blockdiagramm - Auswertung einer Lichtschranke 23
Abbildung 30: Frontpanel - Auswertung einer Lichtschranke 23

Tabellenverzeichnis

Tabelle 1: Wegsensor Kalibrierwerte 20
Tabelle 2: Anschluss Temperatursensor - Datenerfassungskarte 22
Tabelle 3: Anschluss Lichtschranke - Messdatenerfassungskarte 23

Abkürzungsverzeichnis

BNC	Bayonet Neill Concelman
COM	Common
DA	Data acquisition
GUI	graphical user interface
Vi	Virtuelle Instrumente

1 Einleitung

1.1 Ziel und Aufbau der Arbeit

Während einem zweitägigen Laborunterricht wurden diverse Messungen durchgeführt. In diesem Laborbericht werden die dort durchgeführten Messaufgaben im Detail beschrieben und dokumentiert. Zuerst wird die vorgegebene Aufgabenstellung definiert. Im Anschluss daran, ist die Durchführung der Messaufgaben der Reihenfolge nach beschrieben.

1.2 Aufgabenstellung im Überblick

Messen mit dem Digital-Multimeter

- Leerlaufspannung eines Solarzellenmoduls
- Kurzschlussstrom eines Solarzellenmoduls
- Spannungsmessung im Arbeitspunkt
- Leistungsabgabe eines Solarzellenmoduls bei Belastung
- Widerstand einer Motorwicklung

Messen mit dem Digital-Speicher-Oszilloskop

- Messung einer sinusförmigen Spannung
- Messung einer rechteckförmigen Spannung
- Spannungsmessung eines Solarzellenmoduls

Programmierung mit LabVIEW

- Generieren und Anzeigen von Zufallszahlen
- Inkrementieren eines Zählers mit einem Button
- Stoppuhr
- Würfel mit Statistik
- Umrechnung von Dezimalzahlen in das neuner Zahlensystem
    - Optional: Ohne Vi „Quotient & Remainder“

Messen und Auswerten mit LabVIEW

- Kalibrierung eines Wegsensors inkl. Parameter
- Kalibrierung eines Temperatursensors (Unterschiede zum Wegsensor)
- Auswertung einer Lichtschranke

2 Messen mit dem digitalen Multimeter

2.1 Digitales Multimeter ELV JT 138

Das digitale Multimeter wird verwendet um elektrische Größen zu erfassen. Es verfügt im Vergleich zum analogen Multimeter eine digitale Messwertanzeige und erleichtert dadurch das Ablesen des gemessenen Wertes. Im Labor stehen digitale Multimeter vom Typ JT 138 der Firma ELV zur Verfügung.

2.1.1 Anschluss

Der Anschluss der Messleitungen erfolgt über die Anschlussbuchsen auf der Vorderseite. Da Spannung und Strom unterschiedlich gemessen werden, sind mehrere Anschlussvarianten möglich. Die Buchse „V/Ohm“ ist für die Spannungs- und Widerstandsmessung. Für die Strommessung stehen die beiden Messbereiche 20A und 200mA zur Verfügung. Die Buchse mit der Beschriftung „COM“ ist der gemeinsame Masseanschluss.

Um den Überblick zu behalten werden Versorgungsspannung mit roten, Signale mit gelben und die Masse mit schwarzen Leitungen verbunden.

Keinesfalls darf eine Spannungsmessung über die Strommesseingänge durchgeführt werden, dadurch können Bauteile in der Schaltung oder das Messgerät selbst beschädigt werden.

Abbildung wurde aus datenschutzrechtlichen Gründen von der Redaktion entfernt.

Abbildung 1: Digitales Multimeter JT138

2.1.2 Digit und Auflösung

Ein Digit entspricht der niederwertigsten Stellenanzeige auf dem Display. Die Auflösung ist gleich einem Digit.

Beispiel: Messbereich 0,00V - 20,00V => 1 Digit = 0,01V, Auflösung = 0,01V

2.1.3 Messbereiche und Messgenauigkeit

Aus dem Datenblatt kann die Messgenauigkeit entnommen werden. Diese Angabe bezieht sich auf den angezeigten Messwert.

Der Messbereich des Multimeters wird vor der ersten Messung auf die maximal zu erwartende Spannung eingestellt. Anschließend wird der Messbereich solange angepasst, bis der Messwert im oberen Drittel des Messbereichs liegt. In diesem Bereich sind die Werte prozentual genauer.

Beispiel: Der Messbereich ist 20VDC, die Messabweichung laut Datenblatt +-(0,05% + 3d), Auflösung 1mV

Absolute Messabweichung bei 20V = +-0,10V , relative Messabweichung = +-0,05%

Absolute Messabweichung bei 1V = +-0,008V , relative Messabweichung = +-0,8%

2.2 Messung der Leerlaufspannung

Es wird die Leerlaufspannung eines Solarzellenmoduls gemessen werden.

Da die Helligkeit im Messlabor nicht ausreicht um die maximale Spannung zu erzeugen, wird eine handelsübliche Glühlampe auf das Solarzellenmodul ausgerichtet. Bei der Leerlaufspannungsmessung wird das Multimeter parallel an das Solarzellenmodul angeschlossen. Es darf kein weiterer Verbraucher angeschlossen sein. Das Multimeter besitzt im Spannungsmessbereich einen sehr hohen Innenwiderstand und ist in diesem Fall nicht als Verbraucher zu werten.

Es wurde der Messbereich 20V und die Gleichspannungsmessung eingestellt.

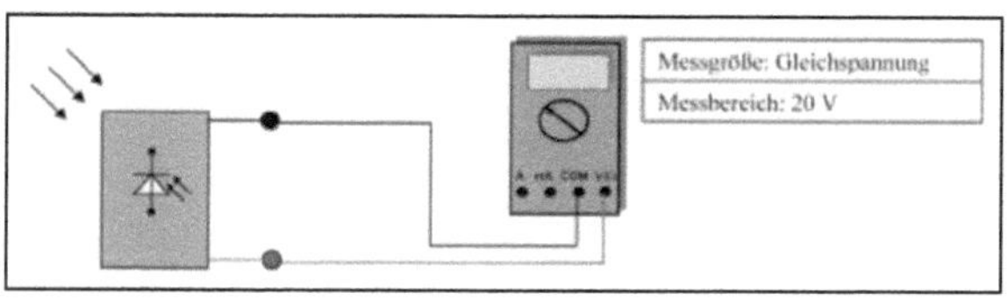

Abbildung 2: Messaufbau einer Leerlaufspannungsmessung

Messergebnis Berechnung

$U_{Leerlauf} = U_{Messung}$ +-(0,5% + 3d) = 2,42V +-(0,0121V+0,03V) = 2,42V +- 0,04V

Die Solarzelle liefert im Leerlauf eine Spannung von 2,42V +- 0,04V.

2.3 Messung des Kurzschlussstroms

Es wird der Kurzschlussstrom eines Solarzellenmoduls gemessen werden.

Bei der Kurzschlussstrommessung bleibt das Multimeter ebenso wie bei der Leerlaufspannungsmessung angeschlossen, jedoch werden die Buchsen „A" und „COM" verwendet. Das Solarzellenmodul liefert dann den maximalen Strom.

Der Messbereich ist auf 20A Gleichstrommessung eingestellt.

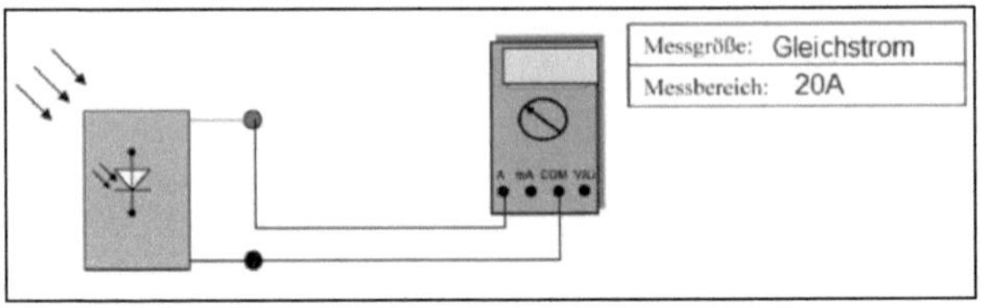

Abbildung 3: Messaufbau einer Kurzschlussstrommessung

Messergebnis Berechnung

$I_{Kurzschluss} = I_{Messung}$ +-(2,0% + 5d) = 360mA +- (7,2mA + 50mA) = 360mA +- 57mA

Das Solarzellenmodul liefert einen Kurzschlussstrom von 360mA +- 57mA.

Messwertbeurteilung

In diesem Fall liegt der Messwert für eine präzise Messung ungünstig, da er im unteren Drittel des Messbereiches von 0-20A liegt. Das hat eine große Messabweichung zur Folge. Ist eine genaue Messung erforderlich, sollte ein Messgerät mit passendem Messbereich ausgewählt werden.

2.4 Spannungsmessung am Arbeitspunkt

Zur Messung der Spannung am Arbeitspunkt, wird das Solarzellenmodul mit einem Verbraucher belastet. Bei dieser Messung ist der Verbraucher ein kleiner Gleichstrommotor. Der Stromkreis ist geschlossen und es fließt ein Strom durch den Motor. Das Multimeter ist parallel zum Motor angeschlossen. An dem Innenwiderstand des Solarzellenmoduls fällt eine Spannung ab und es wird sich eine geringere Spannung als im Leerlaufbetrieb einstellen.

Das Multimeter wird auf 20V Gleichspannungsmessung eingestellt.

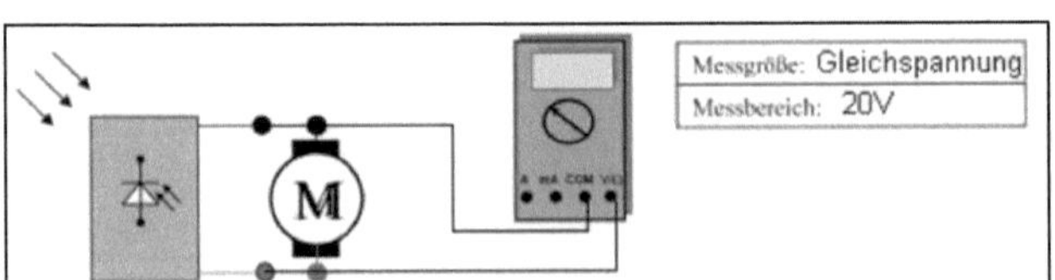

Abbildung 4: Messaufbau zur Spannungsmessung am Arbeitspunkt

Messergebnis Berechnung

$U_A = U_{Messung}$ +-(0,5% + 3d) = 2,33V +- (0,12V + 0,03V) = 2,33V +- 0,042V

Die Spannung am Betriebspunkt ist 2,33V +- 0,042V.

Messwertbeurteilung

Wie erwartet ist die Spannung im Vergleich zur Leerlaufspannung geringer. Der Spannungsabfall am Innenwiderstand des Solarzellenmoduls berechnet sich aus der Differenz von $U_{Leerlauf}$ - U_A und beträgt somit 0,09V.

2.5 Messung der abgegebenen Leistung

Es wird die abgegebene Leistung eines Solarzellenmoduls bei Belastung mit einem Gleichstrommotor gemessen werden.

Um die Spannung und den Strom gleichzeitig zu messen, werden zwei Multimeter verwendet. Die Strommessung erfolgt in Reihe zwischen dem Solarzellenmodul und dem Gleichstrommotor. Auf welcher Seite im Stromkreis das Multimeter angeschlossen wird, hat keine Auswirkung auf den Messwert. Lediglich auf die Polung muss geachtet werden, um einen positiven Messwert angezeigt zu bekommen. Die Spannungsmessung erfolgt gleich dem vorherigen Messaufbau.

Das Multimeter, welches als Strommesser angeschlossen ist, besitzt einen Innenwiderstand an dem eine geringe Spannung abfällt. Daher ist eine geringere Spannung als bei der Messung im Arbeitspunkt zu erwarten.

Der Strom ist jetzt geringer als der Kurzschlussstrom, daher wird der 200mA Messbereich eingestellt.

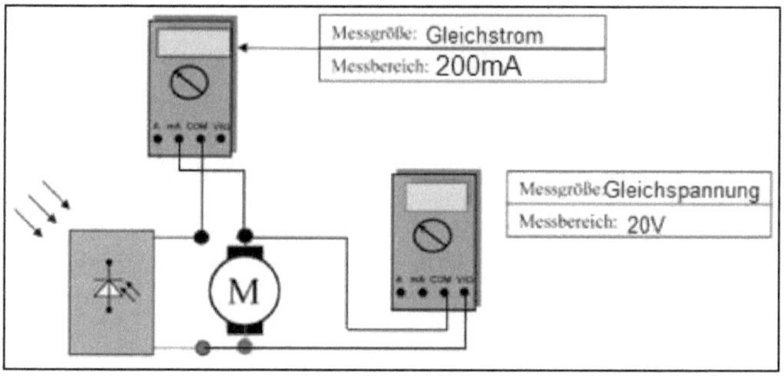

Abbildung 5: Messaufbau der Leistungsmessung

Messergebnis Berechnung

$U_A = U_{Messung}$ +-(0,5% + 3d) = 2,15V +- (0,01V + 0,03V) = 2,15V +- 0,04V

$I_A = I_{Messung}$ +-(0,8% + 3d) = 10,05mA +- (0,08mA + 0,03mA) = 10,05mA +- 0,11mA

Das Solarzellenmodul liefert am Arbeitspunkt eine Spannung von 2,15V +- 0,04V und einen Strom von 10,05mA +- 0,11mA. Damit lässt sich die abgegebene Leistung wie folgt berechnen.

$P_A = U_A * I_A = 2{,}15V * 0{,}11mA = 21{,}6mW$

Das Solarzellenmodul gibt am Arbeitspunkt eine Leistung von 21,6mW ab.

2.6 Widerstandsmessung

Es soll der Widerstand der Motorwicklung gemessen werden.

Der Motorwicklungswiderstand wird im Stillstand gemessen. Das Multimeter wird mit dem Motor verbunden und ist auf 200Ohm Widerstandsmessung eingestellt.

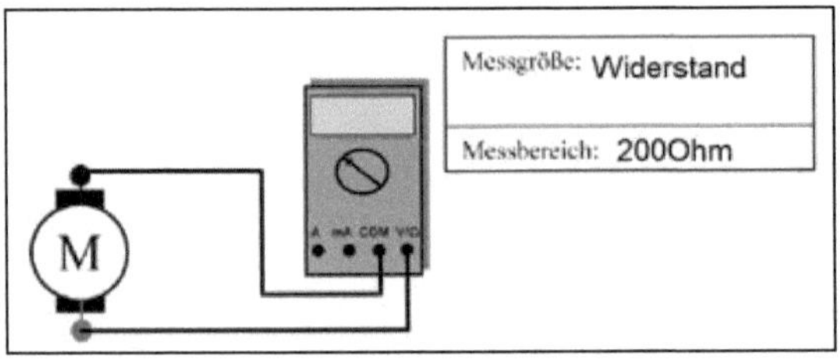

Abbildung 6: Messaufbau der Widerstandsmessung

Messergebnis Berechnung

$R_{Wicklung} = R_{Messung} +\text{-}(0{,}8\% + 5d) = 45\Omega +\text{-} (0{,}36\Omega + 0{,}5\Omega) = 45\Omega +\text{-} 0{,}9\Omega$

3 Messen mit digitalem Speicher-Oszilloskop

3.1 Digital-Speicher-Oszilloskop Meteix 6062C

Mit einem digitalen Speicher-Oszilloskop kann der zeitliche Verlauf einer Spannung optisch auf einem Display dargestellt werden. Die Messung erfolgt dabei über einen A/D-Wandler. Zwei Messeingänge befinden sich an der Oberseite und sind als BNC-Buchse ausgeführt. Es ist zu beachten, dass die Masseanschlüsse elektrisch verbunden sind. Für die Messung wird das Tischoszilloskop Meteix 6062C eingesetzt.

Abbildung wurde aus datenschutzrechtlichen Gründen von der Redaktion entfernt.

Abbildung 7: Digital-Oszilloskop Meteix 6062C

3.1.1 Trigger und Single Shot

Über die Trigger Einstellung lässt sich ein stehendes Bild eines periodischen Spannungsverlaufs erzeugen. Wird der Trigger Schwellenwert überschritten startet die Datenerfassung. Liegt der Trigger Schwellwert auf einem Wert an der oberen Grenze der Amplitude, flackert das Bild. In diesem Fall ist der Trigger auf einen geringeren Wert einzustellen.

Wird die Funktion „Single Shot" aktiviert, stoppt die Aufzeichnung nach dem Erreichen des Trigger-Schwellenwertes. Dadurch können auch einmalige Ereignisse im Spannungsverlauf betrachtet werden.

3.1.2 AC/DC/GND

Der Schalter mit der Beschriftung AC/DC/GND hat folgende Auswirkungen:

- AC - Nur die Wechselspannungsanteile der Messspannung werden dargestellt
- DC - Gleich- und Wechselspannungsanteile werden dargestellt

- GND - Messeingang wird auf GND Potential gelegt (Nützlich zum Einstellen des Nullpunkts der Vertikalablenkung)

3.2 Funktionsgenerator

Der Funktionsgenerator erzeugt Spannungssignale und bietet die Möglichkeit verschiedene Kurvenformen einzustellen. Dabei kann die Frequenz und die Amplitude variabel eingestellt werden.

Es wird der Funktionsgenerator Typ FG-7202 von Voltcraft verwendet.

3.3 Messung einer sinusförmigen Spannung

Der Messkanal 1 am Oszilloskop wird mit einem BNC-Kabel mit dem „Output" des Funktionsgenerators verbunden.

Abbildung wurde aus datenschutzrechtlichen Gründen von der Redaktion entfernt.

Abbildung 8: Messaufbau Oszilloskop -Funktionsgenerator

Einstellungen am Funktionsgenerator

Frequenz: 50Hz Sinussignal, Amplitude: 2V

Einstellungen am Oszilloskop: vertikal Bereich 1V/div, horizontal Bereich 10ms/div

Wird die Frequenz am Funktionsgenerator erhöht, können auf dem Display mehrere Periodendurchgänge abgelesen werden. Wird sie verringert, erkennt man nur noch einen Teil der Periode. Um die Periodenzeit möglichst präzise ablesen zu können, wird daher der Horizontalbereich so eingestellt, dass genau eine Periode der Sinuswelle den Bildschirm ausfüllt.

Die 50Hz Sinuswelle hat eine Periodendauer von 20ms. Bei den vorgenommenen Einstellungen zeigt das Oszilloskop eine Periode der Sinuswelle über zwei Felder in der x-Richtung und zwei Felder in der y-Richtung an.

3.4 Messung einer rechteckförmigen Spannung

Es werden die folgenden Einstellungen am Funktionsgenerator vorgenommen:

Frequenz: 1MHz Rechtecksignal, Amplitude: 2V

Am Oszilloskop den Zeitbereich auf 1µs/div und die Vertikal Auslenkung auf 1V/div einstellen. Das Rechtecksignal wird somit auf dem Display sichtbar.

Es ist deutlich zu erkennen, dass die Flanken im Anstieg sowie beim Abfallen abgeflacht angezeigt werden. Je höher die Frequenz eingestellt wird, desto stärker verändert sich die Rechteckspannung an den Flanken.

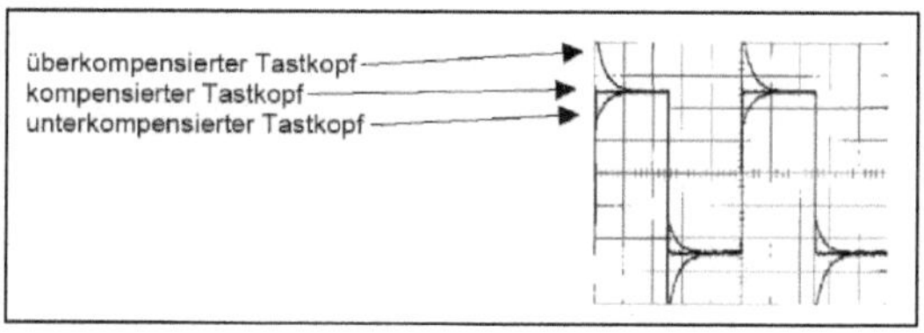

Abbildung 9: Messung einer rechteckförmigen Spannung

Aufgrund von Kapazitäten im Messaufbau muss daher eine Kompensation stattfinden. Dazu wird ein Tastkopf an das Oszilloskop angeschlossen und die automatische Kompensation durchgeführt. Alternativ kann mit der Einstellschraube am Tastkopf justiert werden.

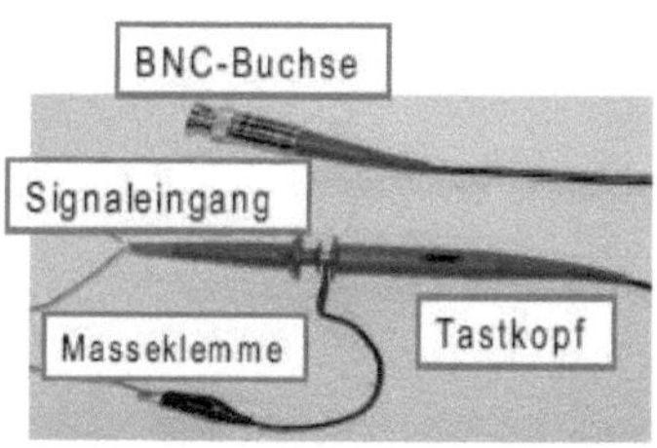

Abbildung 10: Oszilloskop Tastkopf

3.5 Spannungsmessung eines Solarzellenmoduls

Der Messkanal 1 vom Oszilloskop wird mit dem Solarzellenmodul verbunden, welches offene Kabelenden hat. Zur Verbindung wird dazu ein Tastkopf verwendet.

Einstellungen am Oszilloskop: Kopplung AC

Die Empfindlichkeit wird solange angepasst bis ein Signal zu erkennen ist.

Ergebnis: Da das Oszilloskop auf AC-Kopplung eingestellt ist, zeigt es nur den Wechselspannungsanteil des Solarzellenmoduls an. Es ist daher nur ein sehr kleines Signal messbar, welches einem Störrauschen entspricht.

4 Programmierung mit LabVIEW

4.1 LabVIEW

LabVIEW ist eine grafische Programmierumgebung der Firma National Instruments. Die Funktionalität und das Aussehen sind an reale Instrumente angelehnt. LabVIEW-Programme werden als virtuelle Instrumente oder einfach „Vi“ bezeichnet. Sie bestehen aus zwei Komponenten:

Frontpanel

Das Frontpanel ist die grafische Benutzeroberfläche (GUI). Per „Drag and Drop“ können die Ein- und Ausgabeelemente platziert werden.

Blockdiagramm

Das Blockdiagramm ist direkt mit den Elementen des Frontpanels verknüpft und enthält den Programmcode.

Abbildung wurde aus datenschutzrechtlichen Gründen von der Redaktion entfernt.

Abbildung 11: LabVIEW Frontpanel und dazugehöriges Blockschaltbild

Programmiert wird in LabVIEW nach dem Prinzip des Datenflusses. Sie bietet die volle Flexibilität einer modernen Hochsprache, ohne dass sich der Entwickler mit aufwendiger Syntax befassen muss. Der Programmcode im Blockdiagramm besteht aus einer Auswahl verschiedenster Elemente.

Bestandteile des Programmcodes können sein:

- Ein- und Ausgabeelemente (Controls und Indikators), sowie Konstanten, Funktionen und Operatoren
- Ablaufstrukturen (For- und While-Schleife, Case-Anweisung, ...)
- Unterprogramme (SubVi)

Diese werden miteinander verbunden und bestimmen so den Datenfluss und somit die Programmfunktion.

4.2 Erstellen und Anzeigen von Zufallszahlen

Das Vi „Zufallszahl“ liefert Zufallswerte zwischen 0 und 1. Durch die Subtraktion mit 0,5 verschiebt sich der Bereich von -0,5 bis 0,5. Dieser Wert wird in die Case-Struktur getunnelt und die boolesche Vergleichsfunktion „>= 0“ übergeben. Die Case-Struktur wird von dem Ergebnis der Vergleichsoperation gesteuert.

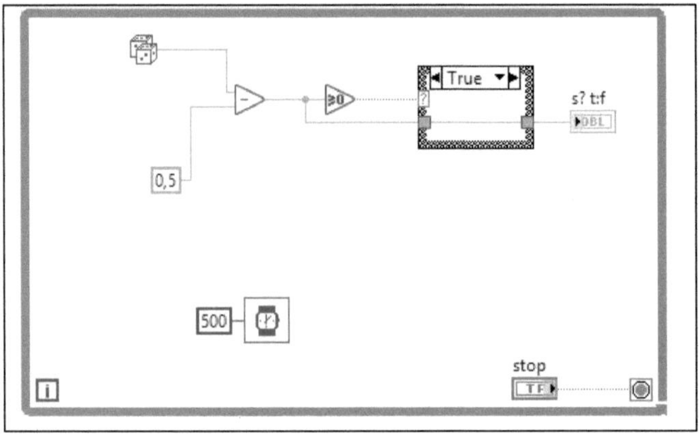

Abbildung 12: Zufallszahl - Case „“true““

Im Fall das der Wert größer oder gleich 0 ist, wird der Zufallswert ohne Veränderung durchgeleitet und auf dem Frontpanel angezeigt. Ist der Wert < 0 wird die Konstante 0 angezeigt. Nach einer Wartezeit von 500ms wird die While-Schleife neu durchlaufen, solange bis der Stopp-Button gedrückt wird.

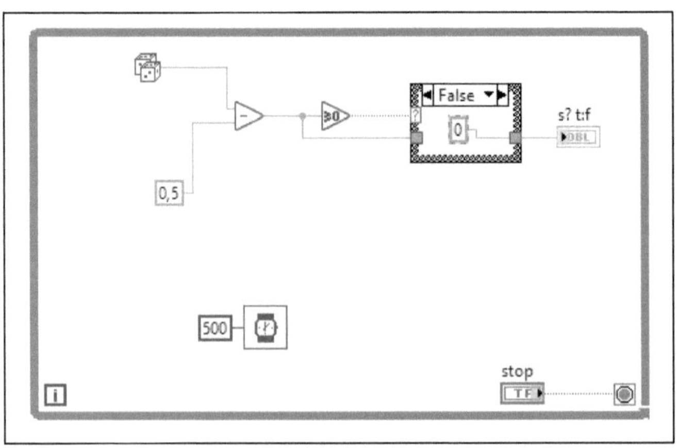

Abbildung 13: Zufallszahl - Case "false“

4.3 Inkrementieren eines Zählers mit einem Button

Zuerst werden die beiden Shift-Register mit den Konstanten “false“ und 0 initialisiert.

Der OK-Button liefert im unbestätigten Zustand “false“ und im betätigten Zustand “true“. Solange der Button unbetätigt ist, wird das “false“ Fenster der Case-Struktur ausgeführt. Der aktuell im Shift-Register hinterlegte Wert, wird dann ohne Veränderung durch die Case-Struktur geleitet, angezeigt und in das Shift-Register geschrieben. Dieser Vorgang Wiederholt sich im Takt von 1 ms.

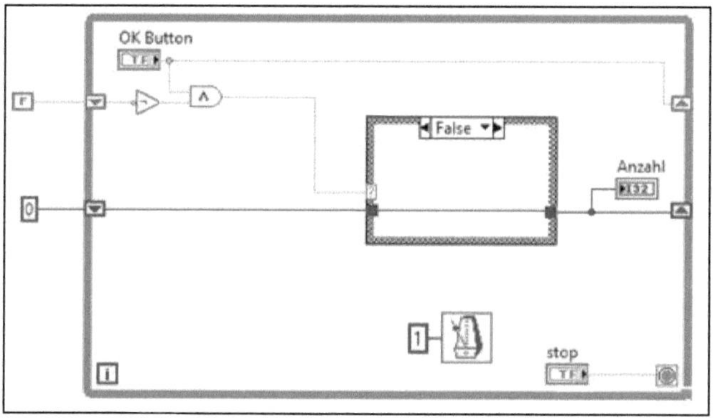

Abbildung 14: Inkrementieren eines Zählers - Case “false“

Ist der Button betätigt wird der “true“ Rahmen der Case-Struktur ausgeführt. Der im blauen Shift-Register hinterlegte Wert wird um 1 inkrementiert, angezeigt und dem Shift-Register übergeben. Dadurch ist der neue Wert für den nächsten Schleifendurchlauf gespeichert.

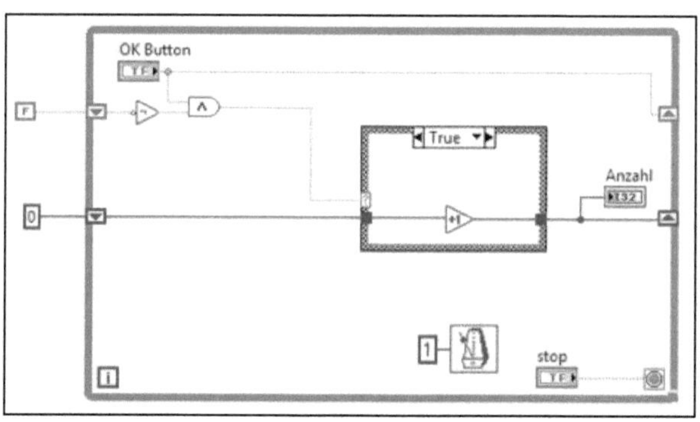

Abbildung 15: Inkrementieren eines Zählers - Case “true“

Damit der Zähler pro Button Betätigung genau um eins inkrementiert wird und es nicht aufgrund der schnellen Schleifendurchgänge zu einer mehrmaligen Inkrementierung kommt, muss eine Maßnahme getroffen werden. Dazu wurden im Labor zwei Methoden programmiert.

Methode 1: Der Button Wert wird in einem Shift-Register abgelegt. Nach erneutem Durchlaufen der While-Schleife blockiert die UND-Verknüpfung das erneute inkrementieren der Zählers solange, bis der Button wieder unbetätigt ist.

Methode 2: Dazu kann dem Button ein anderes Schaltverhalten zugewiesen werden. Die Option „Latch beim drücken" eignet sich für diesen Zweck. Wird der Button bei dieser Einstellung betätigt, setzt sich sein Wert direkt auf "false" zurück, sobald er vom Programm ausgelesen wurde.

Abbildung wurde aus datenschutzrechtlichen Gründen von der Redaktion entfernt.

Abbildung 16: Button Schaltverhalten

Es ist deutlich zu erkennen, dass die Einstellung des Schaltverhaltens weniger Programmieraufwand erfordert und dadurch auch übersichtlicher ist.

4.4 Stoppuhr

Die Stoppuhr wird über den Startbutton gestartet und über den STOP-Button angehalten. Wird erneut gestartet soll wieder bei 0 angefangen werden zu zählen.

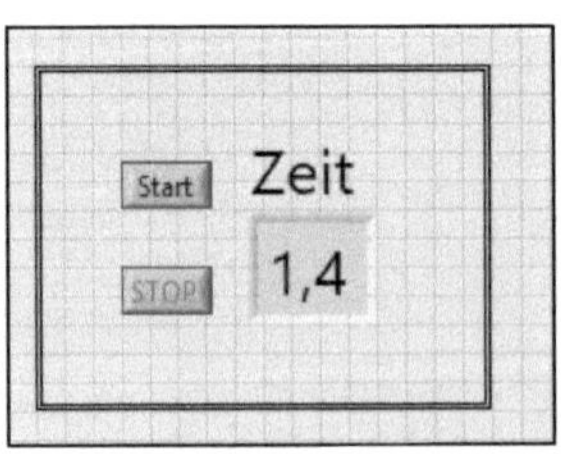

Abbildung 17: Frontpanel - Stoppuhr

Solange der Startbutton unbetätigt ist, wiederholt sich die While-Schleife im Takt von 1ms. Die Case-Struktur steht solange auf "false" und enthält keinen Programmcode. Die Wartezeit von einer Millisekunde verhindert eine hohe Auslastung des Systems.

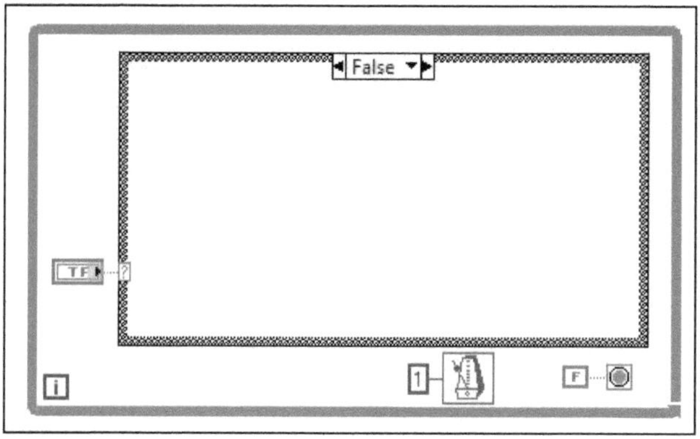

Abbildung 18: Stoppuhr - Case "false"

Ist der Startbutton betätigt, ist die Case-Struktur "true" aktiv. Das Vi "Timer-Wert (ms)" gibt die Zeit in Millisekunden aus, die seit Systemstart vergangen ist. Der Timer-Wert ist in die innere While-Schleife geführt und repräsentiert den Startwert der Zeitmessung.

In der inneren While-Schleife wird im Takt von 10ms die aktuelle Zeit abgerufen. Durch Subtraktion der aktuellen Zeit vom Startwert, ergibt sich die seit Start vergangene Zeit in Millisekunden. Im Anschluss wird der Wert durch 1000 geteilt, damit er auf dem Frontpanel in Sekunden angezeigt wird. Diese Schleife wird solange Wiederholt, bis der STOP-Button betätigt wird.

Die Wartezeit in der inneren While-Schleife definiert die Auflösung der Stoppuhr. In diesem Fall ist die Auflösung auf 0,1s festgelegt.

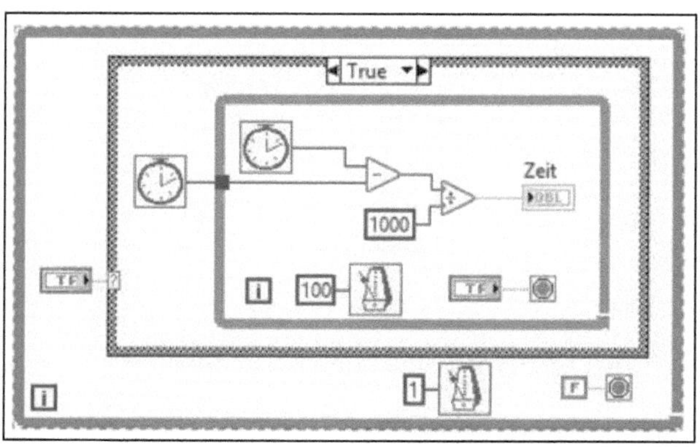

Abbildung 19: Stoppuhr - Case "true"

4.5 Würfel mit Statistik

Die Aufgabe besteht darin, einen Würfel zu erzeugen und die Anzahl der gewürfelten Augenzahlen auszuwerten.

Vorüberlegungen

Ein Würfel kann die Zahlen 1 bis 6 darstellen. Der Array Index beginnt bei 0, daher empfiehlt es sich ein Array mit 7 Elementen zu erzeugen. Dadurch kann dem Array Index die gewürfelte Augenzahl direkt zugeordnet werden. Der Array Index 0 wird nicht verwendet und bleibt immer auf dem Wert 0.

Umsetzung

Vorerst wird ein 1D-Array mit 7 Elementen erstellt und dessen Werte mit 0 initialisiert. Dieses Array beinhaltet die Anzahl der gewürfelten Augenzahlen. Es wird in die While-Schleife getunnelt.

Innerhalb der While-Schleife wird eine Zufallszahl zwischen 1 und 6 erstellt. Diese wird mit dem Vi „Zufallszahl" generiert. Dieses Vi liefert Werte zwischen 0 und 1 und muss daher auf den Bereich 1-6 angepasst werden. Daher wird mit 6 multipliziert und anschließend aufgerundet. Die Augenzahlen werden auf dem Frontpanel angezeigt.

Das Array aus dem Shift-Register wird über den Index/Augenzahl ausgelesen, um eins inkrementiert und auf denselben Index überschrieben. Die Daten in dem Array werden im Shift-Register gespeichert und zur Anzeige auf dem Frontpanel an den Waveform Graph übergeben.

Für die Statistik sind viele Werte von Vorteil, demzufolge ist die Schleifendurchlaufzeit auf 0 gesetzt.

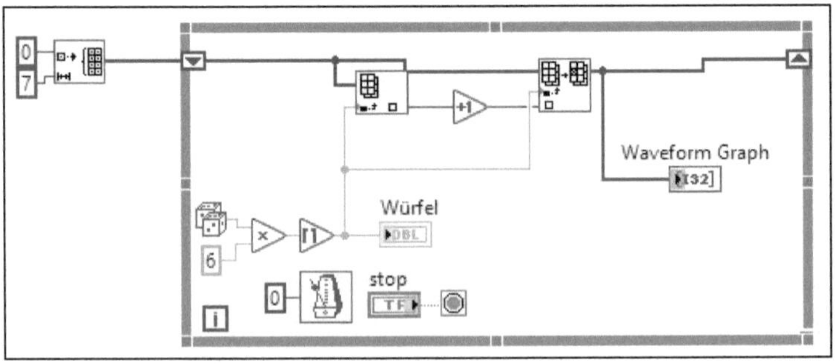

Abbildung 20: Blockdiagramm - Würfel mit Statistik

Das Balkendiagramm stellt die Verteilung der gewürfelten Zahlen dar. Es ist ersichtlich, dass jede Augenzahl gleich oft gewürfelt wurde. Das Vi „Zufallszahl“ gibt demnach keinen wirklich zufälligen Wert aus.

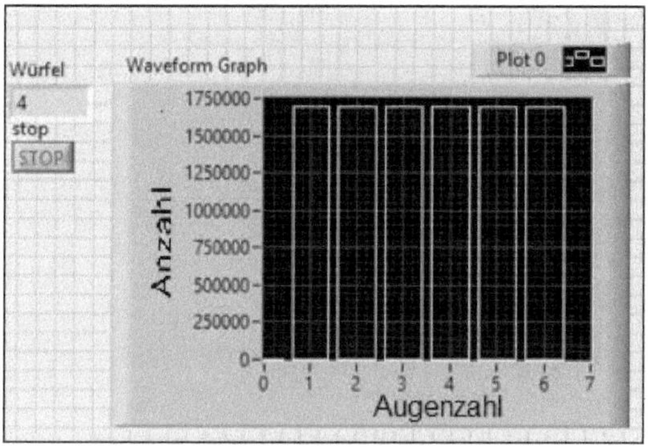

Abbildung 21: Frontpanel – Würfel mit Statistik

4.6 Umrechnung von Dezimalzahlen in das neuner Zahlensystem

Optional: Ohne Vi „Quotient & Remainder“

Auf dem Frontpanel kann eine Dezimalzahl und die Basis eines Zahlensystems eingegeben werden. Wird das Vi ausgeführt steht das Ergebnis in dem 10-stelligen Feld und das Programm stoppt. Soll ein neuer Wert berechnet werden muss das Vi wieder neu gestartet werden.

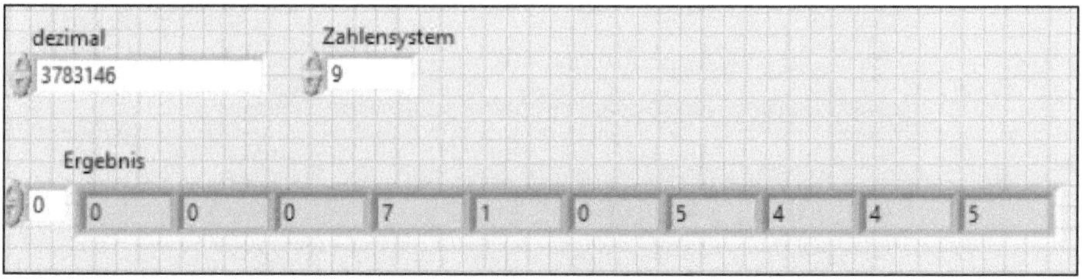

Abbildung 22: Frontpanel - Umrechnung von Dezimalzahlen

4.6.1 Mathematische Umrechnung

Die Dezimalzahl wird mit der Basis des Zahlensystems dividiert. Der Rest der Division ergibt die niederwertigste Stelle der Zahl im neuen Zahlensystem. Der Ganzzahlquotient der Division wird wieder mit der Basis des Zahlensystems dividiert und dessen Rest ergibt die nächst höherer Stelle der Zahl im neuen Zahlensystem.

Diese Berechnung wird so oft wiederholt, bis das Ergebnis der Division 0 ergibt oder je nach Anzahl der gewünschten Stellen der Umrechnung.

4.6.2 Umsetzung in LabVIEW

Zuerst wird die im Frontpanel eingegebene Dezimalzahl in die For-Schleife geführt. Der Wert aus dem Shift-Register wird mit der Basis des im Frontpanel eingetragenen Zahlensystems dividiert. Um ein ganzzahliges Ergebnis zu erhalten, wird das Ergebnis abgerundet. Mit diesem Wert wird im neuen Schleifendurchgang weiter gerechnet, daher wird er in das Shift-Register abgelegt.

Der ganzzahlige Wert multipliziert mit der Basis des gewählten Zahlensystems, wird von dem Wert aus dem Shift-Register abgezogen. Das Ergebnis ist der Rest, welcher über ein Array aus der For-Schleife herausgeführt wird. LabVIEW legt dieses Array selbstständig an.

Die For-Schleife wird zehnmal durchgeführt, um zehn Stellen des Ergebnisses zu berechnen. Damit die niederwertigste Stelle ganz rechts im Array angezeigt wird, dreht das Vi „Reverse 1D Array“ die Reihenfolge um.

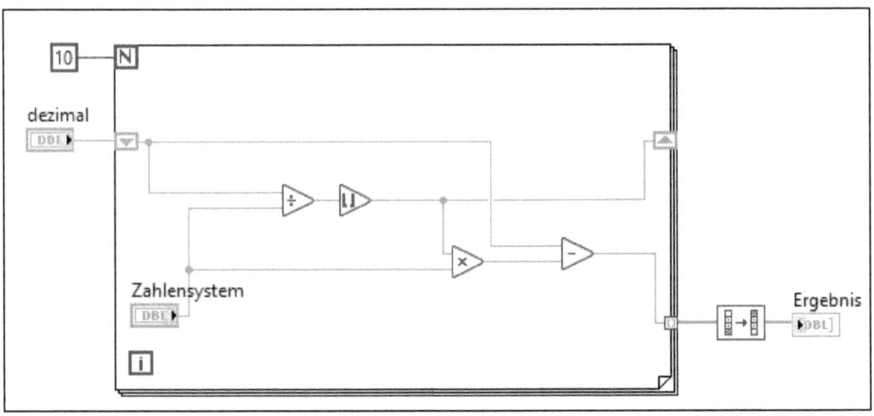

Abbildung 23: Blockdiagramm - Umrechnung von Dezimalzahlen

5 Messen und Auswerten mit LabVIEW

5.1 Datenerfassungskarte USB-6008

Zur Messwerterfassung mit LabVIEW steht im Labor eine Multifunktions-Datenerfassungskarte USB-6008 zur Verfügung. Diese verfügt über diverse analoge Eingänge und digitale Ein-/Ausgänge.

Abbildung 24: Multifunktionskarte USB-6008

5.1.1 Abtastrate

Die maximale Abtastrate der Multifunktionskarte ist mit 10kS/s im Datenblatt angegeben. Nach dem Gesetz von Shannon-Hartley, darf die Frequenz des Messsignals daher 5khz nicht überschreiten.

5.2 Kalibrierung eines Wegsensors inkl. Parameter

5.2.1 Messaufbau

Die Messübertragung erfolgt im Single-Ended-Mode, das Messsignal liegt dabei auf einer Anschlussseite auf Masse. Das Spannungssignal $U_{Messung}$ wird an Terminal 2 der Datenerfassungskarte angeschlossen, GND an Terminal 1, Spannungsversorgung an Terminal 31.

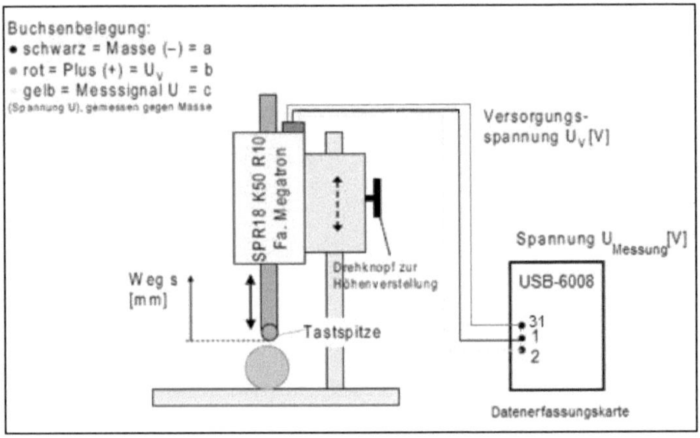

Abbildung 25: Messaufbau einer Wegmessung

5.2.2 Aufnahme der Sensorkennlinie

Im „Measurement & Automation Explorer" wird ein neuer Task angelegt. Nach Einstellung des Messbereichs von 0 bis 5V, kann die Messspannung direkt abgelesen werden.

Es werden nacheinander kalibrierte 10mm hohe Endmaße zwischen Tastspitze und Messauflage gelegt. Für den Bereich 0-40mm werden die Spannungswerte in die Tabelle eingetragen.

Tabelle 1: Wegsensor Kalibrierwerte

Anzahl Endmaße	Weg s [mm] von Hand eingetragen	Spannung U [V] mit USB-6008 gemessene
0	0	0,01576
1	10	1,03472
2	20	2,04348
3	30	3,04206
4	40	4,0712
(5)	(50)	—

5.2.3 Umsetzung in LabVIEW

Mittels DAQ-Assistenten kann der analoge Eingang in LabVIEW eingefügt werden. Dort wurde folgendes eingestellt: Messbereich = 0-5V, Messart ="RSE"(Single-Ended), Acquisition Mode = „Aquire Continously", Samples to read = 100 und die Abtastrate = 1000Hz

Das bedeutet, dass die Datenerfassungskarte die physikalische Messgröße 1000-mal in einer Sekunde abtastet und diese im Pufferspeicher ablegt. Sobald 100 Werte im Pufferspeicher liegen, werden sie als Datenpaket an LabVIEW weitergeleitet. LabVIEW erhält demzufolge im Takt von 100ms jeweils 100 Messwerte.

Die Parameter für den Weg in mm und die dazugehörigen Spannungswerte in V, können in die beiden Arrays eingetragen werden. Dafür werden zunächst die Arrays mit „Array Constant“ erstellt und mit jeweils fünf Konstanten gefüllt.

Mit der Funktion „Append Array“ wird ein 2D Array gebildet. Es werden zwei 2D Arrays erzeugt, eines davon erhält die linearisierten Spannungswerte aus dem Vi „Linear Fit“. Diese 2D Arrays werden zu einem Cluster zusammengefügt und dem Graph übergeben. Folglich zeigt der Graph beide Kennlinien an.

Der Weg *s* berechnet sich nach folgender Formel: $s = \frac{U_{Messung} - U_0}{k}$

Das Vi „Linear Fit“ stellt die Werte Verstärkungsfaktor *k* und Offset U_0 zur Verfügung. Die Spannung $U_{Messung}$ wird vom Vi „DAQ Assistent“ geliefert. Mit diesen Werten kann die Berechnung von Weg *s* durchgeführt werden.

Abbildung wurde aus datenschutzrechtlichen Gründen von der Redaktion entfernt.

Abbildung 26: Blockdiagramm - Kalibrierung eines Wegsensors

Auf dem Frontpanel sind die Messwerte sichtbar. In dem Spannungs-Weg-Graph sind die linearisierte Kennlinie (grau) sowie die Kalibrierwerte (rot) zu sehen. Die Kalibrierwerte können zur besseren Verdeutlichung verändert werden.

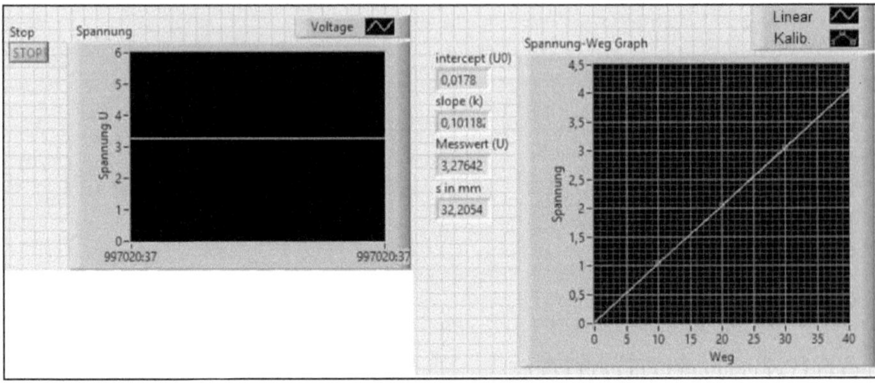

Abbildung 27: Frontpanel - Kalibrierung eines Wegsensors

5.3 Kalibrierung eines Temperatursensors (Unterschiede zum Wegsensor)

Der Temperatursensor wird an die Datenerfassungskarte angeschlossen.

Tabelle 2: Anschluss Temperatursensor - Datenerfassungskarte

Temperatursensor	Datenerfassungskarte
Schwarz GND	Terminal 1 GND
Weiß Output	Terminal 2 AI0
Rot V_{DD}	Terminal 31 +5V

Der Temperatursensor gibt im Messbereich zwischen -40 bis 125°C bereits ein lineares Signal aus, die Arrays und die lineare Regression werden deshalb entfernt. Stattdessen werden Konstanten für den Offset- und die Verstärkung angelegt. In dem Datenblatt sind diese Werte zu finden.

Abbildung wurde aus datenschutzrechtlichen Gründen von der Redaktion entfernt.

Abbildung 28: Blockdiagramm - Kalibrierung eines Temperatursensors

5.4 Auswertung einer Lichtschranke

Im Labor wurde eine Gabellichtschranke bereitgestellt, diese war bereits mit drei Adern verlötet und konnte daher direkt an die Terminals angeschlossen werden. Ist die Lichtschranke unterbrochen, liegt ein „High"-Signal am Signalausgang an, andernfalls liegt das Signal auf GND.

Tabelle 3: Anschluss Lichtschranke - Messdatenerfassungskarte

Lichtschranke Aderfarbe	Datenerfassungskarte
Schwarz - GND	Terminal 1 - GND
Gelb – Signal-Output	Terminal 17 - P0.0
Rot - V_{DD}	Terminal 31 - +5V

Zuerst wird die Datenerfassungskarte initialisiert, indem „Dev1/port0/line0" ausgewählt und der Kanal P0.0 als digitaler Eingang definiert wird.

In der While-Schleife wird der Wert des Eingangs ständig ausgelesen und der LED übergeben. Über den STOP-Button wird die While-Schleife verlassen und die Verbindung zur Datenerfassungskarte wieder freigeben.

Abbildung wurde aus datenschutzrechtlichen Gründen von der Redaktion entfernt.

Abbildung 29: Blockdiagramm - Auswertung einer Lichtschranke

Ist die Lichtschranke unterbrochen leuchtet die LED auf dem Frontpanel.

Abbildung wurde aus datenschutzrechtlichen Gründen von der Redaktion entfernt.

Abbildung 30: Frontpanel - Auswertung einer Lichtschranke